Textes : Hugo Clément et Alice Durand
Illustrations : Perceval Barrier
Ouvrage dirigé par Anne Kalicky – Comptoir éditorial
Création graphique : Marie Pécastaing et Raphaël Hadid
Lecture-corrections : Clémentine Sanchez

ISBN : 9782213726427
Dépôt légal : mai 2024
Loi n° 49-956 du 16 juillet 1949 sur les publications destinées à la jeunesse,
modifiée par la loi n° 2011-525 du 17 mai 2011.

Hugo Clément & Perceval Barrier

mission planète

le climat

fayard jeunesse

Salut ! Je m'appelle Hugo. Mon métier, c'est journaliste. Je fais des reportages dans le monde entier avec une caméra pour que les gens comprennent que notre planète est merveilleuse et qu'il faut absolument en prendre soin.
Lors de mes voyages, j'ai découvert les menaces qui pèsent sur le climat. J'ai aussi rencontré des personnes incroyables qui se mobilisent pour protéger le monde qui nous entoure.
Moi, je suis Pia, la chienne d'Hugo. Lorsqu'il fait trop chaud, je sors la langue et je m'allonge de tout mon long pour tenter de me rafraîchir. À dire vrai, je n'ai pas très envie que le climat se réchauffe. Ouaf ! Ouaf !

Pars en mission climat !

Chausse tes baskets les plus confortables, prends ton livre *mission planète*, ainsi qu'un carnet et un crayon pour dessiner. Pia et moi, nous t'emmenons en mission pour découvrir le climat !

Tu te promèneras dans le temps et dans l'espace, et tu constateras que la vie des hommes et des femmes est intimement liée au climat, c'est-à-dire au temps qu'il fait habituellement dans la région où ils vivent.

Tu t'aventureras au-dessus de nos têtes, dans l'atmosphère.

Tu comprendras pourquoi nous transformons le climat.

Tu découvriras les conséquences du changement climatique sur le monde qui t'entoure.

Nous aurons besoin de tes talents de détective pour enquêter et résoudre des énigmes.
Enfin, **il te faudra agir**.
Dans ton quotidien, tu peux toi aussi changer les choses !

Partons explorer le climat de notre planète.

Sommaire

Qu'est-ce que le climat ?

**Le matin, pour savoir si je dois mettre un manteau, je regarde la météo.
Mais si je veux savoir le temps qu'il fera probablement dans 30 ans, quand ma fille Jim aura mon âge, je m'intéresse au climat. Découvre pourquoi !**

Climat *ou* météo ?

La météo, c'est le temps qu'il fait ou qu'il fera à très court terme, la semaine prochaine par exemple.
Le climat, c'est le temps qu'il fait de manière générale à un endroit et à une époque. Il est évalué sur une période beaucoup plus grande, 100 ans par exemple.

Comment fait-on ?

Pour connaître la météo, on mesure entre autres :

- la **température** (est-ce qu'il fait chaud ou froid ?) ;

- les **précipitations** (est-ce que de la pluie, de la neige ou de la grêle tombe du ciel ?) ;

- le **vent** (y a-t-il du vent ? D'où vient-il ? Est-il puissant ?) ;

- l'**ensoleillement** (peut-on voir le soleil ou est-il caché derrière des nuages ?).

Pour connaître le climat, on étudie l'évolution de ces mesures sur de longues périodes.

Deviens météorologue

Place dehors un thermomètre et une bouteille coupée sur laquelle tu as fixé une règle. Tous les jours, écris dans un petit carnet la température qu'il fait et la hauteur d'eau tombée dans la bouteille. Tu es devenu **météorologue** !

Et climatologue ?

Si tu réussis à accumuler des relevés météorologiques pendant de nombreuses années, tu pourras les comparer. Tu deviendras alors **climatologue**.

À chaque région, son climat

Le climat n'est pas le même partout sur la Terre. **Si tu vas au pôle Nord,** tu t'attends à avoir très froid. **Mais si tu vas sur une île tropicale,** tu prendras plutôt un maillot de bain. Il existe des endroits sur la planète où les ouragans sont fréquents, tandis qu'en France métropolitaine, ils sont extrêmement rares.

Au fil du temps

Tantôt plus froid, tantôt plus chaud, le climat n'a pas toujours été le même qu'aujourd'hui. Il s'est modifié au fil du temps. Certaines espèces de plantes ou d'animaux ont disparu, d'autres ont évolué.

Adieu les mammouths

Il y a quelques milliers d'années, les humains chassaient le mammouth. Aujourd'hui, on ne trouve plus aucun mammouth sur notre planète. **Ils ont peu à peu disparu** lorsque le climat s'est réchauffé, à la fin de la dernière période glaciaire.

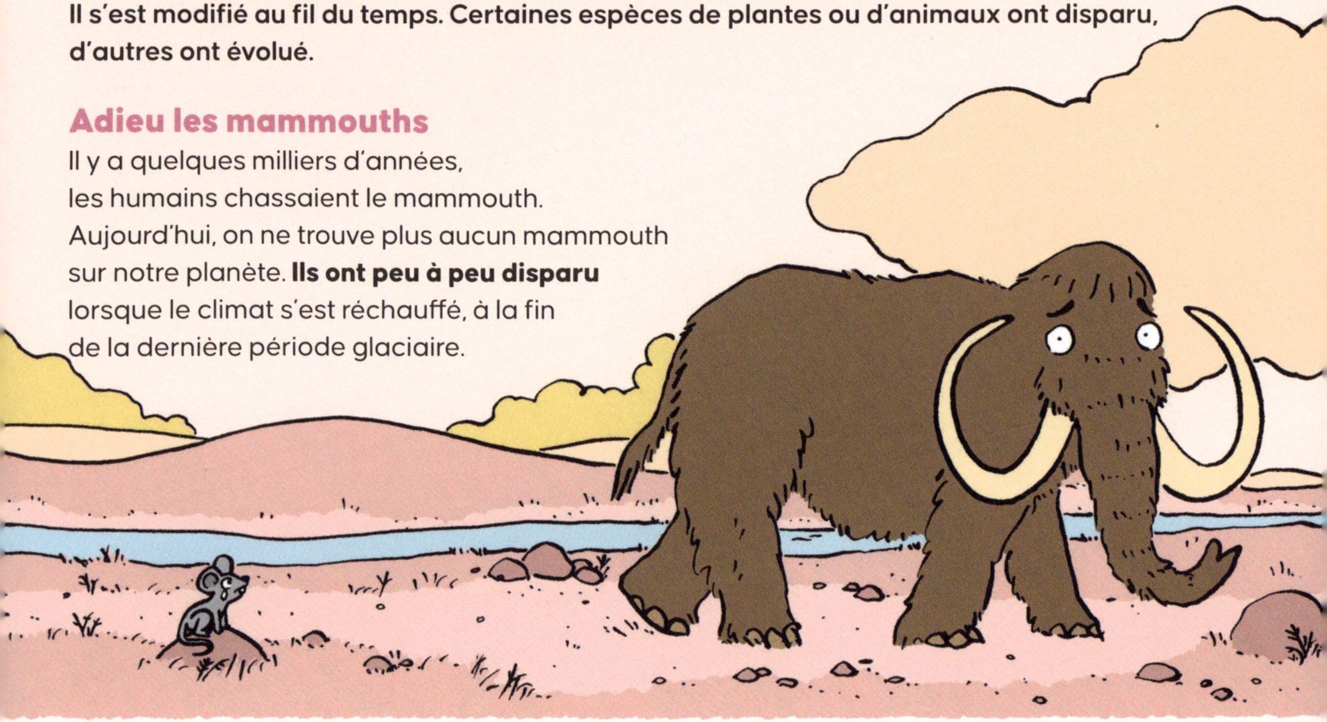

Glaglaciations

Régulièrement, **le climat de la planète se refroidit** et la Terre se recouvre petit à petit de glaciers. On appelle cela des « **glaciations** ». Lors de la dernière période glaciaire, qui s'est terminée il y a un peu moins de 12 000 ans, une grande partie de l'Europe était recouverte de glace !

Les temps changent

Entre chaque période glaciaire, le climat se réchauffe et les glaciers occupent progressivement moins de place. Ce sont **les périodes interglaciaires**. Nous sommes actuellement dans l'une d'elles.

Le climat à tous les temps

Des scientifiques tentent de connaître le climat du passé, ils étudient le climat du présent et essaient de prédire le climat futur. **On les appelle des « climatologues ».** Leur mission est délicate. Ils doivent prendre en compte de nombreux indices qu'ils trouvent dans le sol, dans la glace et dans l'air.

Les humains et le climat

Le climat dans lequel je vis a beaucoup d'influence sur ma vie quotidienne. Il détermine la façon dont je m'habille, la forme de ma maison, ce que je mange, mais aussi mes relations avec les autres. Tout cela forme ma culture.

Des habits adaptés au climat

Ferme les yeux et imagine un Inuit vivant dans le Grand Nord. Représente-toi ensuite un habitant de la forêt amazonienne. Quelles sont les différences entre ces deux êtres humains ? Ne seraient-ce pas **leurs vêtements qui les différencient** avant tout ? Quand on vit dans un climat froid, on ne s'habille pas de la même manière que lorsqu'on vit dans un climat chaud !

Observe les maisons et les villes

Si tu as voyagé, tu as peut-être remarqué que **les maisons sont très différentes en fonction de la région**. En montagne, tu observes des chalets aux toits pentus : il faut que la neige puisse tomber. Dans les villes du Sud, les murs sont souvent blancs et les rues étroites : il faut se protéger du soleil. Et chez toi, comment sont les maisons ?

Qu'y a-t-il dans ton assiette ?

Dis-moi le climat sous lequel tu vis, je te dirai ce que tu manges ! Même dans nos assiettes, le climat joue un grand rôle. Si tu manges du melon en Charente, de la ratatouille en Provence, de la tartiflette en Savoie et des endives dans le Nord, c'est en partie une affaire de climat.

Dehors ou dedans ?

On dit souvent que **les gens du Sud vivent davantage à l'extérieur**, que les personnes s'y retrouvent dans les rues, qui sont alors plus animées. Serait-ce parce qu'il n'y pleut pas souvent et qu'il n'y fait pas très froid ?

Mène l'enquête

Sous quel climat vis-tu ?

Préférerais-tu vivre sous un autre climat ? Pourquoi ?

Vive l'atmosphère !

Comme une orange enveloppée dans sa peau, notre planète est entourée d'une épaisse couche constituée de gaz. Elle nous protège des rayons du soleil et nous tient chaud. On l'appelle « l'atmosphère ».

Vide ou pleine ?

Récupère une bouteille vide avec son bouchon.
Visse fermement le bouchon.
Essaie maintenant d'écraser la bouteille. Y parviens-tu ?
Je suis sûr que non !
Pourquoi ?
Cette bouteille n'est pas vide, elle est remplie d'air !

De l'air !

On a souvent **l'impression que l'espace autour de nous est vide**. Mais, comme la bouteille, il est rempli d'air. On est tellement habitué à le sentir autour de nous qu'on oublie sa présence.

Atmosphère, atmosphère

L'air est **un mélange de différents gaz**.
Ils restent autour de la Terre grâce à la gravité (cette force qui fait que quand tu lâches un objet, il tombe) et forment une couche qu'on appelle « l'atmosphère ».

Merci l'atmosphère !

L'atmosphère est notre meilleure amie.
Elle nous **protège des agressions** venues du reste de l'Univers.

Un manteau de gaz

L'atmosphère joue un rôle très important dans le climat. Comme un manteau, elle retient la chaleur émise par la terre et permet que la température soit plus agréable : il ne fait jamais extrêmement chaud ou extrêmement froid !

Un monde glacé

Sans atmosphère, **la température serait beaucoup plus fraîche** sur la Terre. Si la température moyenne actuelle est de 15 °C (une température à laquelle il est appréciable de porter une petite veste), la température sans l'atmosphère serait de – 18 °C (même avec un gros anorak, des gants et un bonnet, tu aurais très, très, très froid !).

L'effet de serre

Comment **l'atmosphère permet-elle d'augmenter la température moyenne sur la Terre** ? Si l'atmosphère renvoie une partie des rayons du Soleil dans l'espace, elle piège aussi une partie de la chaleur stockée par la Terre, comme un manteau. La température reste alors assez douce : c'est l'effet de serre.

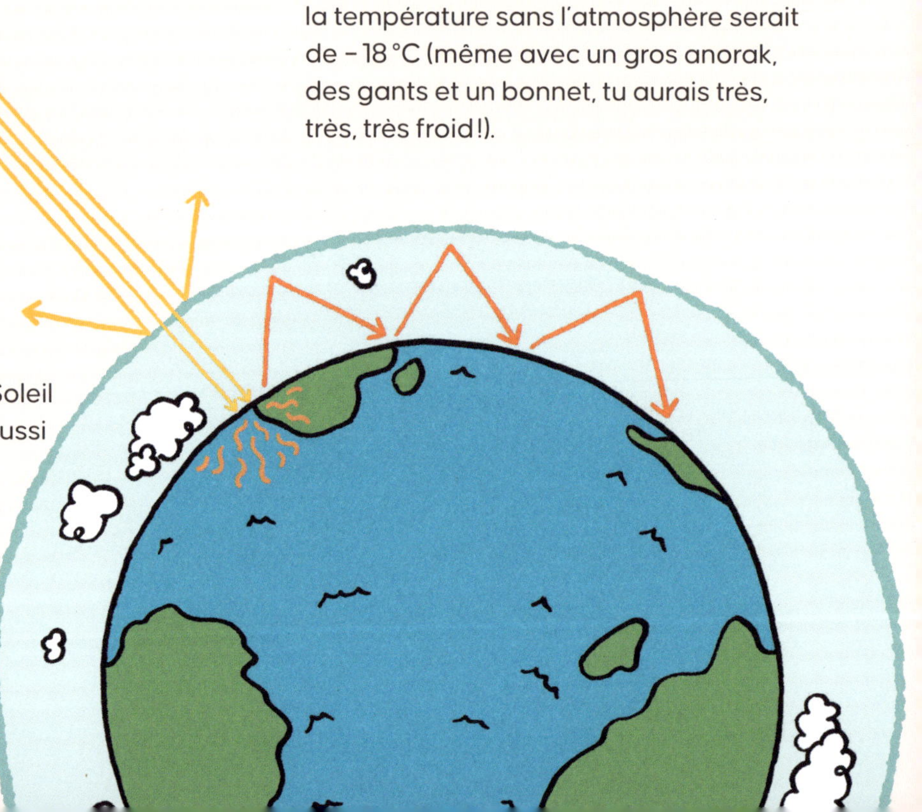

Des gaz qui tiennent chaud

Si l'atmosphère est capable de piéger la chaleur de la Terre, c'est grâce à certains gaz, comme le dioxyde de carbone. On les appelle **des « gaz à effet de serre »**. Ils sont présents en toutes petites quantités dans l'atmosphère.

Réchauffement

Depuis environ 200 ans, **à cause des activités des humains**, la quantité de gaz à effet de serre dans l'atmosphère augmente beaucoup. La chaleur de la Terre est davantage piégée et notre planète se réchauffe peu à peu.

Une affaire de science

Même si **le changement climatique est prouvé scientifiquement** par des chercheurs et des chercheuses du monde entier, un Français sur trois pense qu'il n'existe pas ou qu'il n'est pas dû aux activités humaines. C'est un gros problème pour pouvoir lutter contre lui !

De plus en plus d'énergie

Découvrons ensemble comment les humains modifient la composition de l'atmosphère.

Révolution

Il y a un peu moins de 200 ans, les humains ont commencé à brûler une roche noire pour faire fonctionner des machines : le charbon. C'était magique. **Ils ont pu faire rouler des trains, fabriquer des objets beaucoup plus rapidement,** etc. Cela a été une véritable révolution : la révolution industrielle.

De l'énergie à foison

À partir de la révolution industrielle, tout est allé très vite.
Les humains se sont mis à fabriquer de plus en plus de machines et d'objets, à se déplacer davantage, à transporter des tonnes de marchandises.
Pour cela, ils ont eu besoin de plus en plus d'énergie, comme l'électricité.

Énergies fossiles

Pour produire de l'énergie, les humains brûlent du charbon, du pétrole ou des gaz, qu'ils trouvent sous la terre. Ce sont les énergies fossiles. **En brûlant, ces matières libèrent des gaz à effet de serre.** Comme nous en brûlons beaucoup, la quantité de gaz à effet de serre dans l'atmosphère augmente et le climat se réchauffe.

Énergies bas carbone

Il existe des énergies qui libèrent beaucoup moins de gaz à effet de serre. Comme le principal gaz à effet de serre est le dioxyde de carbone, on les appelle des « énergies bas carbone ».

Les centrales hydrauliques utilisent l'énergie de l'eau.

Les éoliennes utilisent l'énergie du vent.

Les panneaux solaires utilisent l'énergie du Soleil.

Les centrales nucléaires utilisent l'énergie de la matière.

Si les énergies bas carbone évitent de trop réchauffer le climat, elles ont d'autres inconvénients. Les centrales nucléaires génèrent par exemple des déchets extrêmement dangereux, les éoliennes font du mal aux oiseaux et les panneaux solaires peuvent abîmer les forêts !

Ton empreinte carbone

Nous sommes tous un peu responsables du changement climatique. Certaines personnes essaient donc de réduire la quantité de gaz à effet de serre qu'elles émettent. Et toi ?

Calcule ton empreinte carbone

Pour calculer combien de gaz à effet de serre toi et ta famille produisez, tu peux calculer ton empreinte carbone. Avec l'aide d'un adulte, rends-toi sur le site **Nos gestes climat** et réponds aux questions qui te sont posées.

Quand les vaches rotent, ça pollue !

Le dioxyde de carbone n'est pas le seul gaz à effet de serre. Il en existe bien d'autres :

- la vapeur d'eau (l'eau sous forme de gaz) ;
- le méthane, qui est par exemple relâché par les rots et les pets des vaches ;
- le protoxyde d'azote, produit par les engrais utilisés dans les champs.

Équivalent carbone

Tous ces gaz n'ont pas le même rôle dans l'effet de serre. Pour faciliter le calcul, **les scientifiques les transforment en équivalent carbone**. Comme ça, tu n'as qu'un seul chiffre pour tes émissions et tu peux facilement estimer ta participation au changement climatique.

Le poids de deux éléphants

Un Français ou une Française produit en moyenne 8,9 tonnes d'équivalent carbone par an. C'est le poids d'environ deux éléphants ! Moi, j'essaie de faire attention. Quand je calcule mon empreinte carbone, **Nos gestes climat** estime que je produis environ 4,5 tonnes d'équivalent carbone par an. Et toi ?

L'objectif

Certains climatologues disent qu'**il faudrait que l'on réduise notre empreinte carbone à 2 tonnes par an et par personne**. Selon eux, cela permettrait que le réchauffement climatique ne dépasse pas 2 °C en 2050. Mais 2 °C, c'est déjà une augmentation énorme de la température, car il s'agit d'une moyenne. Certains jours, nous aurons des pics de température très hauts !

Mène l'enquête

À ton avis, quel personnage a l'empreinte carbone la plus petite ?

Pourquoi ?

Réponse : le personnage en bleu a une empreinte carbone plus petite. Il a acheté moins d'objets, il mange moins de viande, il met un pull au lieu d'augmenter le chauffage, il utilise de l'électricité produite par des éoliennes et il se déplace à vélo.

Ça chauffe !

À cause des gaz à effet de serre que nous relâchons dans l'atmosphère, quand ma fille Jim aura 30 ans, il fera bien plus chaud qu'aujourd'hui !

La température monte

La conséquence la plus évidente de l'augmentation de l'effet de serre est l'élévation des températures moyennes sur la planète Terre : il fait de plus en plus chaud. **Entre 2011 et 2020, il a fait 1,1 °C de plus qu'entre 1850 et 1900.** Cela paraît peu, mais c'est déjà un très grand changement !

Et dans le futur ?

Si nous continuons à émettre autant de gaz à effet de serre que nous le faisons aujourd'hui, il est extrêmement probable que la température continue d'augmenter dans le futur, atteignant **4 °C de plus en France lorsque tu seras une personne âgée**.

Le pôle Nord a chaud !

La température ne grimpe pas de la même manière partout. Au pôle Nord par exemple, **la température augmente plus qu'ailleurs**. En Europe également, la température s'élève davantage que dans d'autres zones de la planète.

La solution

Les experts pensent aujourd'hui que le réchauffement climatique peut être stabilisé, c'est-à-dire ne pas empirer, **si nous n'émettons plus de gaz à effet de serre, ou si nous parvenons à en stocker autant que nous en produisons**. On appelle cela le « zéro émission ».

Capturer le carbone

Pour éviter d'augmenter trop fortement la quantité de gaz à effet de serre dans l'atmosphère, en plus de ne pas trop en relâcher, nous pouvons essayer de les capturer. Par exemple, lorsque tu plantes un arbre, il va utiliser le carbone de l'air pour pousser. Tu luttes alors **contre le changement climatique**.

Alerte rouge sur la planète

La montée des températures n'est pas la seule conséquence de l'augmentation des gaz à effet de serre. Tout l'équilibre de la planète s'en trouve bouleversé !

Épisodes climatiques extrêmes

Certains phénomènes météorologiques ont de tristes conséquences pour les humains. **Ils peuvent nuire à leur santé, abîmer leur maison ou les empêcher de faire de bonnes récoltes.** À cause du changement climatique, certains événements sont plus intenses.

Canicules

Pendant certaines périodes, souvent en été, il arrive qu'il fasse très chaud. Même la nuit, l'air se rafraîchit peu. Cela t'empêche de bien dormir. Ce sont les canicules. **Elles sont dangereuses pour la santé des humains,** surtout pour les bébés et les personnes âgées. Avec le changement climatique, ces périodes sont plus longues et arrivent plus souvent.

Pluies torrentielles

Avec le réchauffement climatique, la quantité de pluies soudaines et violentes augmente alors. Parfois, ces pluies torrentielles provoquent des inondations et peuvent même détruire les maisons !

Sécheresses

D'autres fois, au contraire, il ne pleut pas suffisamment. Les champs se dessèchent, les récoltes sont moins bonnes, les maisons peuvent se fissurer, etc. Dans ce cas, **des décisions sont prises pour ne pas utiliser trop d'eau**. Tu n'as alors plus le droit d'arroser ton jardin ou de remplir une piscine.

Unis pour comprendre

Le Giec est un groupement d'experts de plusieurs pays. Ensemble, ils analysent les études scientifiques les plus récentes sur l'évolution du climat. Ils écrivent leurs conclusions dans des rapports qui ont pour but d'aider les personnes **à agir mieux, pour protéger le climat**.

L'océan, géant fragile

La plus grande partie de la Terre est recouverte par l'océan. Malheureusement, il n'est pas épargné par le changement climatique.

L'océan, climatiseur géant

Lorsque l'air se réchauffe, **une partie de sa chaleur passe dans les océans**, qui se réchauffent à leur tour. Cela permet d'abaisser la température de l'air. Merci les océans !

Acidification de l'océan

L'océan absorbe aussi une partie des gaz à effet de serre. Il devient alors plus acide, **comme le vinaigre ou le citron**. Cela risque de tuer un grand nombre d'animaux et de plantes qui y vivent...

Fonte des glaces

Comme il fait plus chaud, les glaciers et la banquise fondent petit à petit. As-tu déjà remarqué que, s'il y a du soleil, tu as beaucoup moins chaud quand tu es habillé en blanc que lorsque tu es habillé en noir ? C'est parce que **le blanc renvoie les rayons du Soleil et ne garde pas la chaleur**, contrairement au noir. Lorsque les glaciers et la banquise fondent, les sols et les océans ne sont plus recouverts de blanc. La planète se réchauffe alors encore davantage !

L'eau monte !

Le niveau des océans monte de quelques millimètres par an (la longueur d'un de tes cils environ). Avec le temps, certaines îles et certaines côtes risquent de disparaître, englouties par la montée des eaux.

Modification des courants marins

La banquise est un moteur important des courants marins. Si elle disparaît, ils ne seront plus les mêmes. Or, **dans beaucoup de régions du monde, le climat dépend d'eux**.

Menaces sur les êtres vivants

Tout comme les humains, les autres animaux et les plantes souffrent des conséquences du réchauffement climatique. Certaines espèces risquent même de disparaître.

Adieu les coraux ?

À cause de l'acidification des océans, les coraux meurent ou tombent malades. Quelle tristesse ! **C'est l'un des écosystèmes les plus riches au monde.** Lorsque les récifs coralliens sont en bonne santé, la vie y foisonne : c'est magnifique !

Tous liés

Avec le réchauffement climatique, **certaines espèces risquent de ne plus pouvoir faire de petits** (parce que les eaux des océans sont trop chaudes ou parce qu'elles ne trouvent pas assez de nourriture par exemple). En s'éteignant, ces espèces risquent d'entraîner la disparition de nombreux autres êtres vivants : nous sommes tous liés.

Des forêts en danger

Lorsque le climat se réchauffe, **les arbres souffrent de la chaleur et de la sécheresse**. Des champignons, venus du sud, peuvent aussi remonter vers le nord, contaminant des forêts entières d'arbres affaiblis par ces conditions inhabituelles. Les forêts tombent malades.

S'adapter

En plantant **des espèces d'arbres adaptées aux nouvelles conditions** (de température par exemple), on peut éviter que ces plantes ne meurent dans quelques années. Nous pouvons aussi planter davantage d'arbres dans les villes : cela permet d'avoir beaucoup moins chaud.

Mène l'enquête

Regarde comment change le climat quand la température augmente. Que remarques-tu ?

+ 4°C

Agis !

Déplace-toi sans (trop) polluer

Nos déplacements émettent beaucoup de gaz à effet de serre. En choisissant bien comment tu te déplaces, tu peux en émettre moins.

Vive la marche

S'il y a bien une chose sur laquelle ma chienne Pia ne me contredira jamais, c'est que c'est chouette d'aller se promener ! Toi aussi, avec ta famille, **privilégie dès que possible la marche** à l'utilisation de la voiture.

Partage ta voiture

Pour avancer, les voitures brûlent du pétrole. Elles émettent alors beaucoup de gaz. Pour diminuer la quantité de gaz libérée dans l'atmosphère, **propose à tes amis de vous déplacer ensemble**. En invitant d'autres personnes dans ta voiture ou en montant dans celle de tes copains, tu protèges le climat.

Évite l'avion

L'avion est **un moyen de transport très polluant**. Tu peux le prendre de temps en temps, mais il faut l'utiliser le moins possible. Pour tes vacances, dis à tes parents que tu aimerais découvrir des endroits où vous pouvez aller sans avion.

À bicyclette !

Les vacances à vélo, c'est super ! La journée, tu pédales pour aller d'un endroit à un autre. Pas le temps de s'ennuyer, il y a plein de choses à découvrir. Avec tes parents, tu peux par exemple partir à vélo le long d'un fleuve, comme la Loire. Comme **ton vélo ne brûle pas de pétrole** pour avancer, il est bien plus respectueux de l'environnement qu'une voiture.

Agis !

Fais ton menu

Si tu as calculé ton empreinte carbone, tu t'es peut-être rendu compte que ton alimentation (ce que tu manges) est aussi une source d'émissions de gaz à effet de serre importante. Découvre comment la réduire.

Réduis ta consommation de viande

La plupart des Français et des Françaises mangent trop de viande. Cela joue un rôle très important dans le réchauffement climatique. **L'élevage des animaux relâche beaucoup de gaz à effet de serre** à cause des tracteurs, des engrais, des terres cultivées pour nourrir le bétail et des rots des ruminants (comme les vaches). Pour réduire tes émissions, tu peux choisir de manger moins de viande.

Choisis ta viande

Lorsque tu manges de la viande, **cela émet plus ou moins de gaz à effet de serre en fonction de l'animal**. Manger du bœuf (des taureaux ou des vaches) est par exemple plus mauvais pour le climat que manger du poulet.

Mange des produits locaux

Qu'il s'agisse de fruits, de légumes ou encore de viande et de poisson, **préfère toujours manger ce qui a été produit près de chez toi**. En effet, plus la nourriture que tu manges vient de loin, plus il a généralement fallu émettre de gaz à effet de serre pour la transporter jusqu'à toi.

Consomme de saison

À chaque fruit et légume sa saison ! Les pommes sont cueillies à l'automne, tout comme les kiwis. En revanche, les fraises et les framboises se ramassent au printemps et en été. Sinon, c'est qu'elles viennent de loin, parfois de très loin, ou qu'elles sont cultivées dans des serres chauffées. En prenant soin de manger les fruits et les légumes à la bonne saison, tu t'assures qu'ils ont émis moins de gaz à effet de serre.

Agis !
Achète moins et mieux

Il n'est pas toujours nécessaire d'acheter beaucoup de jouets, de vêtements ou d'objet électroniques pour se sentir heureux.

Achète moins

Chaque objet que toi ou ta famille achetez a émis des gaz à effet de serre pour être fabriqué, emballé et arriver jusqu'à toi. C'est parfois du gaspillage, parce que certains jouets ne sont pas du tout utilisés, ou très peu. Il est inutile d'avoir des centaines d'objets pour être heureux, on s'amuse souvent plus avec des copains et de l'imagination !

Le carnet de tes envies

Lorsque quelque chose te fait envie, au lieu de le réclamer immédiatement à tes parents, **dessine-le dans un petit carnet et laisse passer quelques semaines**. Si, une fois ce temps écoulé, tu en as encore envie, cet objet est peut-être important pour toi. Mais tu te rendras sûrement compte que certains d'entre eux ne t'intéressent plus autant : il n'était pas nécessaire de les acheter !

Traque les emballages

Les emballages en plastique ou en carton ont aussi émis des gaz à effet de serre pour être fabriqués. Or ils sont parfois inutiles. Souvent, ils servent uniquement à te donner envie d'acheter l'objet en le faisant paraître plus beau, plus gros et plus séduisant. Méfie-toi de ces emballages et **préfère toujours acheter des objets qui n'en ont pas**, ou pas trop.

Organise un concours d'empreinte carbone

Maintenant que tu es devenu(e) un ou une spécialiste de l'empreinte carbone, **organise un grand concours** avec ta famille, tes amis ou tes camarades de classe en leur faisant passer le test **Nos gestes climat**. Le vainqueur ne sera pas celui qui a l'empreinte carbone la plus petite, mais celui qui réussira à la diminuer le plus possible en changeant ses habitudes ! Qui aura la médaille d'or ?

Merci beaucoup d'avoir lu ce livre !
Pia et moi, nous sommes très heureux de t'avoir accompagné(e) dans ta mission pour la planète, à la découverte du climat.
À bientôt !

Tu as aimé ce livre ?
Rejoins-nous pour d'autres missions planète !

FSC
www.fsc.org
MIXTE
Papier issu de
sources responsables
FSC® C102228

Achevé d'imprimer en France en avril 2024
sur les presses de Pollina à Luçon
pour le compte des éditions Fayard,
13, rue du Montparnasse, 75006 Paris
N° Editeur : 85.0420.6/01
N° d'impression : 49456

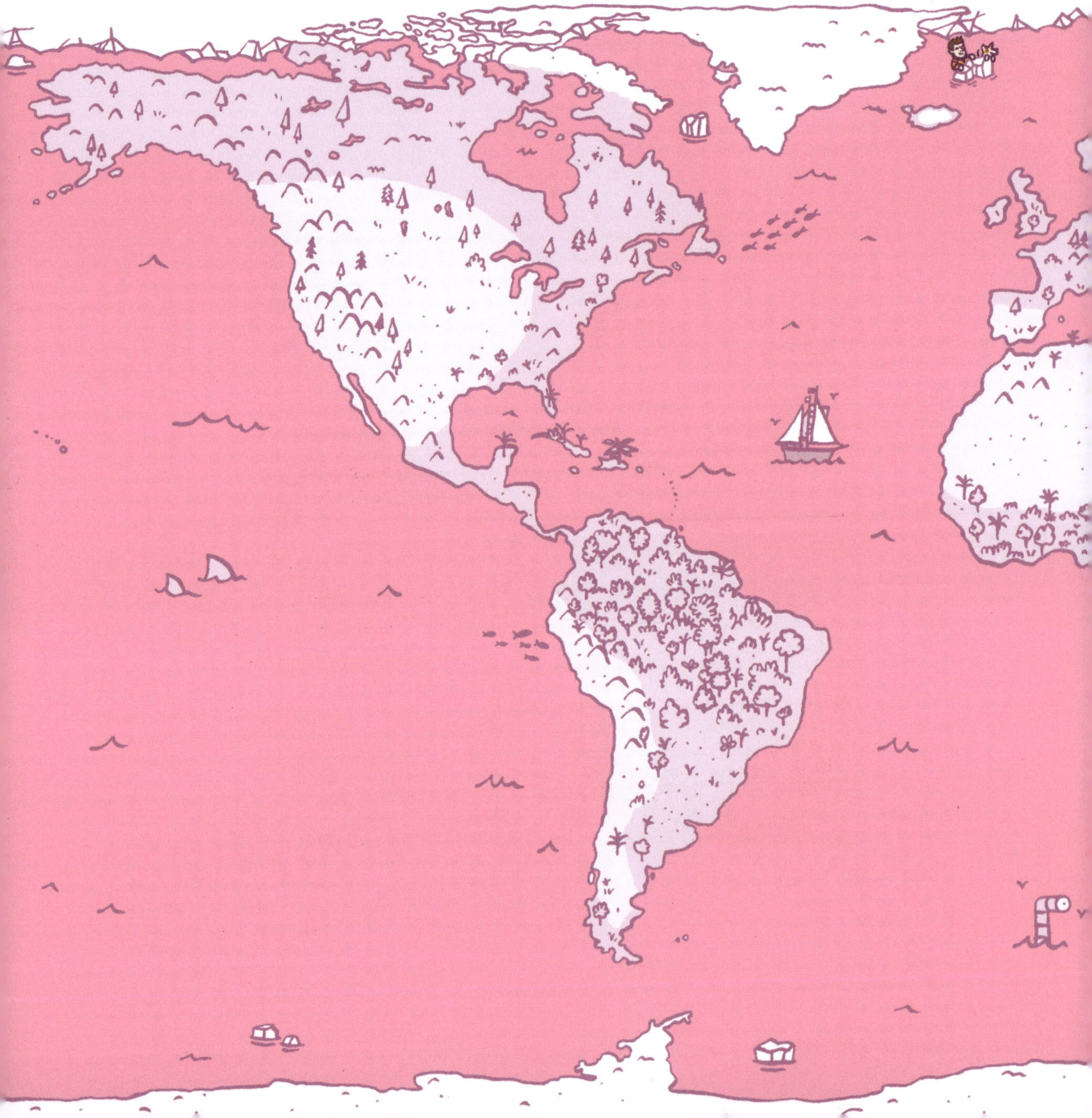